目次

初めて飼うクワガタムシ

オオクワガタの入手と飼育 2
コクワガタの入手と飼育 6
ヒラタクワガタの入手と飼育 8
ノコギリクワガタの入手と飼育 12
ミヤマクワガタの入手と飼育 16
その他のクワガタ（ヒメオオ、アカアシ、ネブト、スジ）............. 20
日本のクワガタムシ大図鑑 22
小型♂の見分け方 26
♀の見分け方 28
幼虫の見分け方いろいろ 30

オオクワガタ

Dorcus hopei binodulosus

DATA
体長 . ♂ 27.0 ～ 77.0mm. ♀ 25.0 ～ 48.5mm.
飼育最大個体 . ♂ 88.0mm ♀ 58.6mm.
分布 . 日本：北海道 , 本州 , 四国 , 九州 , 対馬 .
採集難易度 . 難しい★★★★★　飼育難易度 . 簡単★
成虫理想飼育温度 . 20 ～ 25℃　幼虫理想飼育温度 . 20 ～ 25℃
卵から成虫まで . 10 ～ 12 ヵ月　成虫寿命 . 活動開始から 2 ～ 5 年

飼育上の注意点　夏場は 30℃を越える場所には置かないようにします。冬には冬眠しますので、11 月になったらケースに 10㎝くらいマットを入れて、室内の寒い場所で保管しましょう。成虫になっても 3 ～ 6 ヵ月はエサを食べたり産卵をしません。

オス　　オス　　メス

オオクワガタは日本にいるクワガタの中で一番人気です。野外では最大が 77㎜ですが、飼育では 88㎜という野外では考えられないサイズが出ています。
　沖縄県以外の全県に生息していて、山梨県韮崎市周辺、大阪府能勢地方、佐賀県筑後川流域がオオクワガタの 3 大産地と呼ばれています。

オオクワガタを手に入れよう！

■採集方法

樹液採集

　オオクワガタは6月から9月にかけて活動します。その時期になるとクヌギやコナラの樹液に集まりますが、とくに『台場クヌギ』と呼ばれる幹の太い穴が空いたクヌギが好きで、昼間は穴の中で休み、夜になると穴から出てきて樹液を吸います。穴の中ではオスとメスが一緒にいることもあります。

樹液を吸うオオクワガタ．オオクワガタの多産地でもめったに見られない光景だ．

灯火採集

　オオクワガタは明かりに集まる習性があるため、夏の夜に外灯を見てまわると見つかることがあります。蒸し暑く気温が高い、新月で月が小さい晩や曇で月が出ていない晩などに外灯を見てまわりましょう。

外灯に飛んできたオオクワガタ．多少の雨なら採集できることがある．

■お店で購入

　オオクワガタを採集するのはたいへん難しいため、昆虫ショップや熱帯魚屋、ホームセンターなどで販売している飼育品を購入するのが一般的です（70mmくらいのオスで7000円くらい、40mmくらいのメスで2000円くらい）。かならず産地が書いてあることを確認しましょう。羽化から半年以上たった虫がお薦めです。

昆虫専門店に置いてあるオオクワガタ．専門店などではお店の人にアドバイスももらえる．

オオクワガタの産卵方法

オオクワガタの産卵セット図

交尾のためにオスとメスを一緒に入れた場合は，1週間以内にオスを取り出す

- 材の破片など
- 産卵木はケースに入るだけ入れる
- 微粒子マットを柔らかく詰める（産卵木の3/4が埋まるまで）
- エサゼリー
- 直径8〜10cm以上
- 微粒子マットを堅く詰める（5cmくらい）
- プラケース中〜大
- 産卵木は水に半日浸けて樹皮をむいたものを使う

産卵木の注意点
- やや堅めの木を使う（お店の人に選んでもらおう）．
- 水に半日浸けて，樹皮をむいてから使う．
- メスにも好みがあるので，2本以上使った方がよい．

マットの注意点
- オオクワガタの産卵に使うマットは，広葉樹でも針葉樹でも，どちらでもOK．
- 水を加えてかき回すを繰り返して，マットをギュッとにぎって崩れない程度の水分量に調節する．

ケース
- 中〜大サイズのケースを使う．

ゼリー
- 高たんぱくゼリーがお薦め．

　オオクワガタは成虫になってから成熟するまで3〜6ヵ月かかります。ですので、成虫になってから半年以上たった虫がお勧めです（夏〜秋に成虫になって冬眠した虫が理想的）。オオクワガタはほとんどマットには産卵しないため、産卵木の良し悪しが成功のカギをにぎります。

　上図の産卵セットを作ったら、オスとメスを入れて1週間ほど同居させた後にオスだけ取り出し、さらに1ヵ月後にメスを取り出します。

　メスを取り出してから1ヵ月したら、いよいよ産卵木を割ってみましょう。成功していれば小さな幼虫が多数出てくるはずです。

幼虫の割り出し。マイナスドライバーなどで少しずつ割り、幼虫を取り出す。

割り出した幼虫は、マットを詰めたカップなどで一時的に保管する。

オオクワガタの飼育

めざせ 73mm!

■幼虫飼育

オオクワガタの幼虫は野外では朽ちた木を食べていますが、飼育では昆虫専門店などで販売している「菌糸ビン」という専用のエサを使います。オオクワガタは菌糸ビンを3ヵ月に1度交換すれば、約10か月ほどで成虫になります。菌糸ビンにはサイズがいくつかあり、通常500cc〜1500ccを使います。

菌糸ビンの中で成長するオオクワガタの幼虫.

エサ交換の方法

幼虫の食べあと（茶色の部分）が全体の2/3くらいになったら交換.

スプーンなどで上から掘っていく．スプーンが幼虫に当たると死んでしまうこともあるので、位置を確かめながら慎重に．

新しい菌糸ビンに幼虫が入るくらいの穴を空けて、そこに幼虫を入れる．幼虫は素手でさわらない方が安全．

■蛹から成虫

十分に育った幼虫は、翌年の初夏〜夏にかけて成虫になる部屋を作ります。部屋の中で丸まっていた幼虫が棒状に伸び、それから数日で蛹になります。成虫になる部屋を作ってから成虫になるまでは、いっさいエサを食べず、移動もしません。この時期が一番大事なので、温度や乾燥に注意してビンを動かさないように保管しましょう。

成虫になる部屋にいるオオクワガタの蛹．この時期にショックを与えると死んでしまうこともある．

コクワガタ
Dorcus rectus

DATA

体長 . ♂ 17.8～54.4mm, ♀ 21.6～29.9mm.
飼育最大個体 . ♂ 56.6mm ♀ 36.9mm.
分布 . 日本：北海道 , 本州 , 四国 , 九州 , 周辺離島 .
採集難易度 . 簡単★　飼育難易度 . 簡単★
成虫理想飼育温度 . 20～25℃　幼虫理想飼育温度 . 20～25℃
卵から成虫まで . 8～10ヵ月　成虫寿命 . 活動開始から1～3年

飼育上の注意点　夏場は30℃を越える場所には置かないようにします。冬には冬眠しますので、11月になったらケースに10cmくらいマットを入れて、室内の寒い場所で保管しましょう。成虫になっても2～5ヵ月はエサを食べたり産卵をしません。

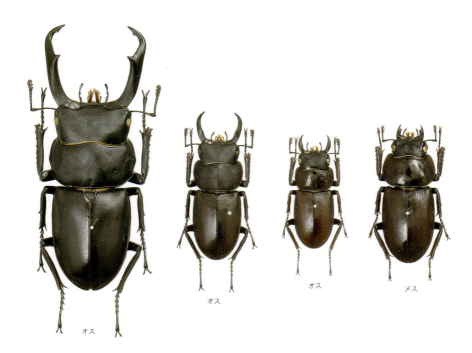

オス　　オス　　オス　　メス

　コクワガタはもっとも普通に見られるクワガタで、成虫寿命も2～3年と長く、暑さ寒さにも強いため、クワガタ飼育がはじめての人にも飼育しやすい種類です。
　南西諸島以外のほとんどの地域に分布していて、伊豆諸島や大隅諸島では島によって光沢や色が変わっています。

コクワガタを手に入れよう！

■採集方法

樹液採集

コクワガタは日本でもっとも普通に見られるクワガタですが、野外で50㎜を超えるサイズはたいへん珍しいです。クヌギやコナラなどの樹液によく集まり、5月から9月まで活動していて、昼間は木に空いた穴の中で休んでいます。灯火にもよくに飛んできます。

樹液を吸うコクワガタ．

コクワガタの飼育

めざせ 50㎜！

コクワガタの産卵セット図．オオクワガタと基本的には変わらないが、産卵木は柔らかめが良い．

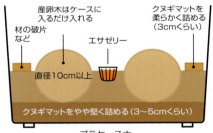

交尾のためにオスとメスを一緒に入れた場合は，1週間以内にオスを取り出す

- 材の破片など
- 産卵木はケースに入るだけ入れる
- エサゼリー
- 直径10cm以上
- クヌギマットを柔らかく詰める（3cmくらい）
- クヌギマットをやや堅く詰める（3〜5cmくらい）
- プラケース大
- 産卵木は水に半日浸けて樹皮をむいたものを使う

産卵

野外で採ってきたコクワガタを1〜2ペア入れます。1ヵ月程度で親虫を出して、さらに1ヵ月したら産卵木を割ってみましょう。うまくすれば、幼虫がいっぱい出てくると思います。出てきた幼虫は、専門店などで販売している菌糸カップ（プリンカップに菌糸を詰めたもの）に入れておきます。

幼虫飼育

コクワガタの幼虫はオオクワガタよりも小さいので、容器も小さいもので飼育できます。成虫にするだけなら菌糸カップを2個使えば成虫まで育ちますが、少しでも大きくしたい場合は、途中で800ccのビンに入れ替えましょう。

産卵翌年の初夏〜夏に成虫になります。

菌糸カップで飼育中のコクワガタ幼虫．

ヒラタクワガタ

Dorcus titanus pilifer

DATA

体長．♂ 18.8～75.4mm, ♀ 28.4～41.0mm.
飼育最大個体．♂ 81.8mm
分布．日本：本州（関東以南）,四国,九州,周辺離島.
採集難易度．やや難しい★★★　飼育難易度．簡単★
成虫理想飼育温度．20～25℃　幼虫理想飼育温度．18～25℃
卵から成虫まで．10～12ヵ月　成虫寿命．活動開始から2～4年

飼育上の注意点　夏場は30℃を越える場所には置かないようにします。冬には冬眠しますので、11月になったらケースに10cmくらいマットを入れて、室内の寒い場所で保管しましょう。成虫になっても3～6ヵ月はエサを食べたり産卵をしません。

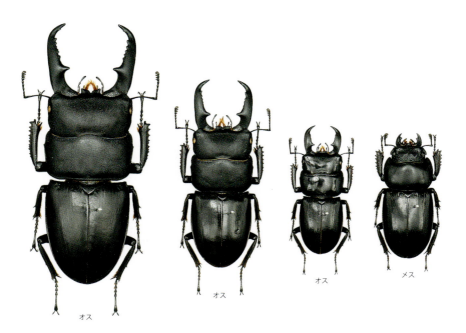

オス　オス　オス　メス

　山の上よりも平地の河川敷などでよく見られる、重厚で迫力のある人気のクワガタです。
　関東地方から沖縄県まで生息しており、暖かい地方に多く生息しています。伊豆諸島や日本海離島、南西諸島などでは島ごとに大あごや体形が変わっていて、地域変異が多いのが特徴です。

ヒラタクワガタを手に入れよう！

■採集方法

樹液採集

　ヒラタクワガタは6月から9月にかけて、クヌギやコナラ、河川敷のヤナギなどの樹液によく集まります。活動のピークは6月と、他のクワガタに比べてやや早めです。オオクワガタやコクワガタと同じように、昼間は木の穴に入って休んでいます。

タブの樹液に来たヒラタクワガタ.

■お店で購入

　ヒラタクワガタは専門店でもよく売っています。大きさにもよりますが、本土産であればペアで2000～4000円くらい。飼育個体を選ぶ時は、羽化から半年以上たった虫が理想的です。

専門店で販売されているヒラタクワガタのペア．ヒラタクワガタはオオクワガタよりも価格が安い．

いろいろなヒラタクワガタ

　日本にはヒラタクワガタ、スジブトヒラタクワガタ、チョウセンヒラタクワガタの3種類がいて、普通のヒラタクワガタも地方によってハチジョウヒラやオキナワヒラなど、少しずつ形が変わってきます。

　どの種類も飼育法は変わりませんので、お店などに行って実物を見てから、自分の好みのヒラタクワガタを選ぶとよいでしょう。一番長くなるのはツシマヒラタ、横幅があるのはサキシマヒラタです。

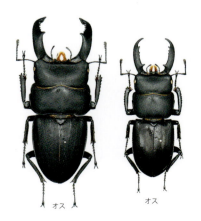

日本にはヒラタクワガタの他に、スジブトヒラタクワガタ（左）とチョウセンヒラタクワガタ（右）がいる．

ヒラタクワガタ

ヒラタクワガタの産卵方法

ヒラタクワガタの産卵セット図

交尾のためにオスとメスを一緒に入れた場合は，1週間以内にオスを取り出す

- 材の破片など
- 産卵木はケースに入るだけ入れる
- 微粒子発酵マットを柔らかく詰める（産卵木の3/4が埋まるまで）
- エサゼリー
- 直径8～10cm以上
- 微粒子発酵マットを堅く詰める（5cmくらい）

プラケース中～大
産卵木は水に半日浸けて樹皮をむいたものを使う

産卵木の注意点
- 柔らかめの木を使う（お店の人に選んでもらおう）.
- 水に半日浸けて、樹皮をむいてから使う.
- 2本以上が理想．多い方が良い．

マットの注意点
- 広葉樹の微粒子発酵マットを使う.
- 水を加えてかき回すを繰り返して、マットをギュッとにぎって崩れない程度の水分量に調節する．

ケース
- 小～中サイズのケースを使う．

ゼリー
- 高たんぱくゼリーがお薦め．

　ヒラタクワガタのメスはオオクワガタと違い、マット中にも好んで産卵します。針葉樹のマットには産まないため、産卵木を埋めるマットは、かならず広葉樹の微粒子発酵マットを使いましょう。微粒子発酵マットは専門店やホームセンターなどで販売されています。

　また、産卵木もオオクワガタのような堅めの木は避け、柔らかめの木を選ぶようにしましょう。

　産卵セットにオスとメスを入れてから幼虫を割り出すまでは、オオクワガタとまったく同じです。ただし、オスはやや気性が荒いので、オスがメスを攻撃しないか注意が必要です。

ヒラタクワガタの産卵で一番重要なのは微粒子発酵マット．お店の人に相談しよう．

発酵マットの中から出てきたヒラタクワガタの幼虫．

ヒラタクワガタの飼育

めざせ 68mm！

■幼虫飼育

ヒラタクワガタの幼虫は、オオクワガタと同じように菌糸ビンで育てるか、発酵マットを使って育てます。発酵マットの袋を開けてガス臭がした場合は、ケースに出して3～5日放置してガス抜きをします。飼育ビンは800ccがちょうど良く、3ヵ月に一度、エサの交換をします。

菌糸ビンの中で成長するヒラタクワガタの幼虫．

■蛹から成虫

産卵された翌年の春～初夏、十分に育った幼虫は成虫になるための部屋を作ります。その部屋を作ると幼虫はもうエサを食べることも動きまわることもしませんので、できるだけ温度変化が少なくて暗い場所にビンを置き、なるべく手でさわらないように注意しましょう。

ヒラタクワガタのオス蛹．一生のうちで一番無防備でデリケートな時期だ．

蛹になる部屋を作ってから3週間もすると、蛹へと脱皮します。蛹になってもビンにはさわらないようにして保管しておくと、約1ヵ月くらいで成虫になります。ここで注意してほしいのは、成虫になってもすぐに取り出さないことです。少なくとも1～2週間の間をあけて、体が固まってから取り出すようにします。

エサはすぐに食べません。3ヵ月くらい経ったら様子を見ながらエサを入れてみましょう。

成虫になったばかりのヒラタクワガタのオス．まだ体が柔らかく、しっかり固まるのに1ヵ月くらいかかる．

ノコギリクワガタ
Prosopocoilus inclinatus

DATA

体長 . ♂ 25.8〜77.0mm, ♀ 25.0〜41.5mm.
飼育最大個体 . ♂ 73.7mm .
分布 . 日本：北海道 , 本州 , 四国 , 九州 , 周辺離島 .
採集難易度 . 簡単★　飼育難易度 . 簡単★
成虫理想飼育温度 . 20〜25℃　幼虫理想飼育温度 . 18〜25℃
卵から成虫まで . 10〜12 ヵ月　成虫寿命 . 活動開始から 1〜3 ヵ月

飼育上の注意点　飼育に最適な温度は 20〜25℃で、夏場に 30℃を越えるような場所には置かないように注意しましょう。秋に成虫になった虫は冬眠しますが、夏に活動した成虫は冬眠しません。成虫になっても 3〜6 ヵ月はエサを食べたり産卵をしません。

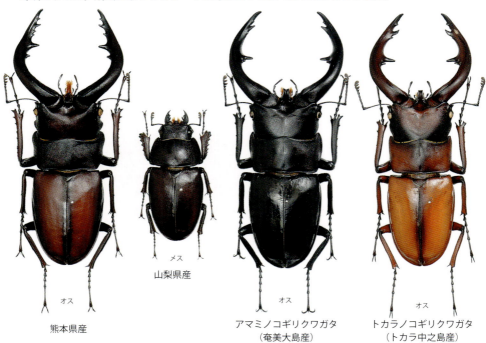

オス　　　　　メス　　　　　オス　　　　　　　　　オス
熊本県産　　山梨県産　　アマミノコギリクワガタ　トカラノコギリクワガタ
　　　　　　　　　　　（奄美大島産）　　　　　（トカラ中之島産）

　コクワガタと並んでもっともよく見られるクワガタで、独特の大あごの湾曲は人気のある外国のクワガタにも負けません。南西諸島には別種のアマミノコギリクワガタがいて、奄美大島産は 80mm に迫る大きさになり人気があります。また、アマミノコギリクワガタの仲間のトカラノコギリクワガタは、きれいなオレンジ色でこちらも人気があります。

ノコギリクワガタを手に入れよう！

■採集方法

樹液・灯火採集

ノコギリクワガタは6月から9月上旬にかけて、クヌギやコナラ、河川敷のヤナギなどの樹液によく集まります。日中は落ち葉の下や木の影などで休み、夕暮れになると樹液を吸いに出てきます。また、月のない蒸し暑い夜には、外灯などにもよく飛来します。

クヌギの樹液に来たノコギリクワガタ．

■お店で購入

ノコギリクワガタは大あごが湾曲した大型のペアでも1000円くらいで、小型ペアなら500円程度です。よくケンカをするので、体にキズがついている虫も見られます。元気な虫を選びましょう。

専門店で販売されているアマミノコギリクワガタ．日本のノコギリクワガタの中では一番大きくなる．

いろいろなノコギリクワガタ

日本にはノコギリクワガタ、ハチジョウノコギリクワガタ、アマミノコギリクワガタ、ヤエヤマノコギリクワガタの4種類のノコギリクワガタがいます。飼育方法はどの種もそれほど変わりませんが、ハチジョウノコギリクワガタとヤエヤマノコギリクワガタは、少しだけ難しくなります。実物をお店で見て気にいった種類を飼いましょう。

ハチジョウノコギリクワガタ（左）とヤエヤマノコギリクワガタ（右）．これらは産卵は簡単だけど、幼虫を大きくするのがちょっと難しい．

ノコギリクワガタの産卵方法

ノコギリクワガタの産卵セット図

交尾のためにオスとメスを一緒に入れた場合は、1週間以内にオスを取り出す

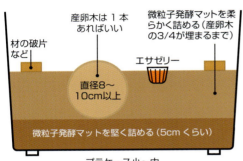

プラケース小～中
産卵木は、水に半日浸けて樹皮をむいたものを使う

産卵木の注意点
- 水に半日浸けて、樹皮をむいてから使う.
- あまり材には産卵しないが、材を入れる場合は柔らかめのものを選ぶ.

マットの注意点
- 広葉樹の微粒子発酵マットを使う.
- 水を加えてかき回すを繰り返して、マットをギュッとにぎって崩れない程度の水分量に調節する.

ケース
- 小～中サイズのケースを使う.

ゼリー
- 高たんぱくゼリーがお薦め.

　ノコギリクワガタのメスは材よりもマットによく産卵するため、ヒラタクワガタと同じように、広葉樹で良質な微粒子発酵マットを使うことをお薦めします。産卵木は、マットにもぐる足がかりとして1本入れておくと良いでしょう。

　お店などで販売されている場合、ほとんどは野外品でメスは交尾済のことが多いです。そのため、産卵セットにはメスのみを入れます。ノコギリクワガタの寿命は短いため、途中でメスを取り出したりしなくてもOKです。秋になり、ケース壁面に幼虫が見えはじめたら、ケースをひっくり返して幼虫を回収しましょう。

小プラケースで作ったノコギリクワガタの産卵セット。ペアでは入れず、交尾済のメスのみ入れる。

ケース壁面に見える幼虫。幼虫が1cm以上になってから回収するのが安全。

ノコギリクワガタの飼育

めざせ 68mm！

■幼虫飼育

ノコギリクワガタの幼虫も菌糸と発酵マットで飼育できます。しかし、1齢の時はまだ幼虫が弱いため、2齢幼虫になるまではプリンカップに発酵マットをつめたもので飼育して、菌糸ビンに入れるのは2齢幼虫になってからの方が良いでしょう。菌糸ビンを使わずに、発酵マットだけでも大きく育てることができます。

菌糸ビンで飼育中のノコギリクワガタの幼虫.

■蛹から成虫

ノコギリクワガタは夏から秋にかけて成虫になる部屋を作ります。発酵マットで飼育すると、不釣合いなほど大きな部屋を作ることがありますが、それはマットの詰め方が柔らかかったためかもしれません。不必要に大きな部屋を作ると、幼虫の体力を使ってしまい、成虫サイズが小さくなるかもしれませんので、マットはできるだけ堅く詰めましょう。

成虫になったあとは翌年の初夏まで冬眠します。その間はエサを食べませんが、乾燥すると死んでしまうことがあるので、様子を見ながらときどき霧吹きをすると良いでしょう。5月から6月くらいに活動を開始するので、すぐにエサゼリーを与えてください。エサを食べはじめたら、交尾・産卵ができます。

ノコギリクワガタのオス蛹。蛹になってはじめて、湾曲した大あごが確認できる。

成虫になったノコギリクワガタ。このまま成虫になるための部屋で、翌年の初夏まで休眠する。

ミヤマクワガタ

Lucanus maculifemoratus

DATA

体長．♂ 2909〜78.6mm，♀ 25.0〜46.8mm．
飼育最大個体．♂ 78.0mm ♀ 46.8mm．
分布．日本：北海道,本州,四国,九州,周辺離島．
採集難易度．普通★★　飼育難易度．やや難しい★★★
成虫理想飼育温度．20〜23℃　幼虫理想飼育温度．18〜22℃
卵から成虫まで．1〜2年　成虫寿命．活動開始から1〜3ヵ月

飼育上の注意点　飼育に最適な温度は20℃前後で、夏場に25℃を越えるような場所には置かないように注意しましょう。秋に成虫になった虫は冬眠しますが、夏に活動した成虫は冬眠しません。成虫になっても3〜6ヵ月はエサを食べたり産卵をしません。

岐阜県産
オス
（基本型）

鹿児島県産
メス

北海道産オス
（エゾ型）

静岡県産オス
（フジ型）

　オオクワガタと並んで人気が高いミヤマクワガタ。全身が金色の微毛に覆われて、王冠のような頭部の突起が最大の特徴です。
　大あごには3つの形状が知られていて、基本型以外に大あご先端の二股が大きく開くエゾ型、逆に大あご先端の二股があまり開かないフジ型などが出現します。

ミヤマクワガタを手に入れよう！

■採集方法

樹液採集

ミヤマクワガタは6月から8月にかけてクヌギやコナラ、山間部のヤナギやミズナラなどの樹液によく集まります。やや標高の高い涼しい環境に多く生息していて、平地ではあまり見られません。また、昼夜問わず樹液に集まる姿がよく観察されています。

クヌギの樹液に集まるミヤマクワガタ．昼間でもさかんに樹液を吸っている．

灯火採集

ミヤマクワガタはよく飛ぶ種類で、ノコギリクワガタと同じく外灯に集まります。とくに6月下旬〜8月の月がない蒸し暑い晩に飛ぶことが多いので、そのような晩には山間部の外灯などを見まわってみましょう。7cm以上のオスが採れたら大成功です。

外灯に飛来したミヤマクワガタのオス．場所によってはコクワガタやノコギリクワガタより数が多い．

■お店で購入

ミヤマクワガタはお店でもよく売っていて、値段はだいたい1000〜2500円くらい。日本には他に奄美大島のアマミミヤマクワガタ、伊豆諸島のミクラミヤマクワガタがいて、これらは飼育品がたまに販売されていますが、ミヤマクワガタに比べて飼育が難しい種類です。チャレンジしたい人は購入店でスタッフの人にいろいろ聞いてみましょう。

左：アマミミヤマクワガタ　右：ミクラミヤマクワガタ．どちらも野外採集は禁止されている．

ミヤマクワガタの産卵方法

ミヤマクワガタの産卵セット図

交尾のためにオスとメスを一緒に入れた場合は，1週間以内にオスを取り出す

材の破片など ― エサゼリー
微粒子発酵マットを柔らかく詰める（5cmくらい）
微粒子発酵マットを堅く詰める（8〜10cmくらい）
プラケース大〜特大
産卵木は使わない

産卵木の注意点
● 木には産卵しないため、足がかりとして入れる．樹皮をむく必要もない．

マットの注意点
● 広葉樹の微粒子二次発酵マットを使う．
● 水を加えてかき回すを繰り返して、マットをギュッとにぎって崩れない程度の水分量に調節する．

ケース
● 小〜中サイズのケースを使う．

ゼリー
● 高たんぱくゼリーがお薦め．

　ミヤマクワガタのメスは木にはほとんど産卵しないので、産卵木はもぐる足がかりとして1本入れておくと良いでしょう。重要なのはマットの方で、通常の発酵マットよりもさらに発酵して黒っぽい色をしたマットをお薦めします。

　マットとともに重要なのが飼育温度で、25℃以上だと産卵をしません。ベストは20℃くらいと低いため、なるべく涼しい場所に置き、暑い時は凍らせたペットボトルなどと一緒にスチロールの箱などに入れる工夫が必要です。

　ミヤマクワガタのメスは寿命が短いので、産卵セットに入れたら途中で取り出す必要はありません。11月くらいになったら幼虫を回収しましょう。

左：通常の発酵マット　右：さらに発酵させて黒っぽくなったマット

産卵セットから回収されたミヤマクワガタの幼虫．産卵数は多い．

ミヤマクワガタの飼育

めざせ70mm！

■幼虫飼育

ミヤマクワガタの幼虫は発酵マットで飼育をします。

産卵セットの時と同じですが、幼虫飼育でも温度が重要です。23℃を越えるような環境では飼育が難しいので、夏の暑い時期でも20℃前後の環境を整える工夫が必要です。

ミヤマクワガタの3齢幼虫。20℃前後の涼しい環境で飼育するのが理想。

発酵マットのビン詰め

市販の発酵マットはメーカーによって湿度が違うため、自分で少しずつ水を足してかきまぜ、握って団子になるくらいに調節する．

カラの容器にマットを入れ、上から木の棒（すりこぎや金づちの柄など）で押し固める．これを何度か繰り返す．

容器の肩くらいまで堅く詰めたら完成．中央部に幼虫が入るくらいの穴を空けて、そこに幼虫を入れよう．

■蛹から成虫

これまで紹介してきたオオクワガタ、コクワガタ、ヒラタクワガタ、ノコギリクワガタは約1年で成虫になりますが、ミヤマクワガタは成虫になるまで短くて1年、長くて2年かかります。成虫になるまでの一番の問題点は、いかにして夏を乗り切るかに尽きるでしょう。温度が常に25℃を越えてしまう環境では、幼虫が死亡することもあります。

秋に産卵セットから幼虫を回収して、2年後の夏から秋に成虫になる部屋を作ります。秋には成虫となり、冬眠して翌年の6月から7月くらいに活動を開始します。活動を開始したら交尾・産卵ができる状態ですので、次世代を育てたい場合はすぐに産卵セットを組みましょう。

ヒメオオクワガタ
Dorcus montivagus

飼育目標 52mm!

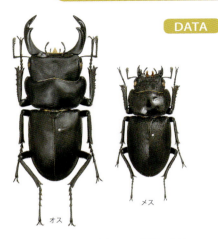
オス　メス

生態：6月から9月に発生して、昼間、山地のヤナギの樹液によく集まる．

DATA

体長．♂ 29.0～58.0mm, ♀ 26.3～42.0mm.
飼育最大個体．♂ 54.0mm.
分布．北海道, 本州, 四国, 九州．
野外における珍品度．やや少ない★★★
飼育難易度．難しい★★★★

　日本のクワガタムシの中では飼育がたいへん難しい種類です。野外で採集した年は産卵しないことがありますので、その場合は1年越冬させて、翌年の初夏から産卵セットを組みます。産卵セットはコクワガタと同じですが、産卵木にはカワラタケで朽ちた木を使い、幼虫もカワラタケの菌糸で育てます。飼育温度は22℃以下を保つようにしましょう。

アカアシクワガタ
Dorcus rubrofemoratus

飼育目標 53mm!

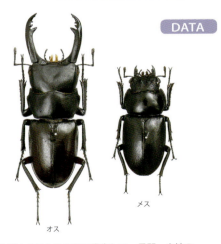
オス　メス

生態：6月から9月に発生して、昼間、山地のヤナギの樹液によく集まる．

DATA

体長．♂ 23.4～58.5mm, ♀ 24.9～39.5mm.
飼育最大個体．♂ 59.5mm.
分布．日本：北海道, 本州, 四国, 九州．
野外における珍品度．普通★★
飼育難易度．やや難しい★★★

　産卵は比較的簡単で、コクワガタと同じ産卵セットで幼虫をとることができます。とれた幼虫は菌糸ビンで飼育し、最初は500ccの容器に入れて、2本めは800ccほどの容器を使いましょう。通常、1年で成虫になります。アカアシクワガタも飼育温度が高いと飼育できませんので、23℃以下の環境で飼いましょう。

スジクワガタ
Dorcus striatipennis

飼育目標 32mm!

オス　メス

生態：6月から9月に発生して、クヌギやコナラの樹液に集まる. やや山地を好む.

DATA

体長 . ♂ 13.5～39.0mm, ♀ 14.0～24.2mm.
飼育最大個体 . ♂ 39.2mm.
分布 . 日本：北海道, 本州, 四国, 九州 .
野外における珍品度 . 普通★★
飼育難易度 . やや難しい★★★

　野外で採集するのはそれほど難しくない種類ですが、飼育はやや難しい部類に入ります。産卵セットはオオクワガタと同じでOKです。産卵木は細くてもいいので柔らかめのものをたくさん使いましょう。無事、幼虫がとれたら、発酵マットかカワラタケの菌糸ビンを使うことをお薦めします。

ネブトクワガタ
Aegus subnitidus

飼育目標 28mm!

オス　メス

生態：7月から9月に発生して、クヌギなどのほかにモミの樹液などにもよく集まる.

DATA

体長 . ♂ 13.4～33.0mm, ♀ 14.0～27.0mm.
飼育最大個体 . ♂ 33.1mm.
分布 . 本州, 四国, 九州, 周辺離島.
野外における珍品度 . やや少ない★★★
飼育難易度 . やや難しい★★★

　やや特殊な種類で、産卵させる時は特殊な赤枯れマットを使います。小ケースでミヤマクワガタと同じ産卵セットを作り、セットから3～4ヵ月後に幼虫を回収して、ミニケースに5～6頭ずつ幼虫を入れてまとめ飼いします。その際、マットの全交換はせず、古いマットの上に新しいマットを追加しましょう。産卵セット翌年の7月くらいに成虫になります。

まだまだいるぞ！日本のクワガタムシ大図鑑

これまでに紹介できなかった種類を一緒に掲載！
これが日本にいるクワガタのすべてだ！

ハチジョウノコギリクワガタ
Prosopocoilus hachijoensis
体長．♂ 24.6～59.2mm,
♀ 23.0～40.0mm.
分布．伊豆諸島（八丈島）．

ヤエヤマノコギリクワガタ
Prosopocoilus pseudodissimilis
体長．♂ 22.0～63.5mm,
♀ 22.7～33.4mm.
分布．八重山諸島（石垣島, 西表島）．

アマミコクワガタ
Dorcus amamianus
体長．（原名亜種）♂ 20.9～35.3mm,
♀ 22.0～28.0mm.
分布．奄美大島～西表島．

ヤマトサビクワガタ
Dorcus japonicus
体長．♂ 14.8～26.2mm,
♀ 17.0～22.1mm.
分布．徳之島, 九州南端．

スジブトヒラタクワガタ
Dorcus metacostatus
体長．♂ 23.0～70.1mm,
♀ 26.2～41.2mm.
分布．奄美諸島．

チョウセンヒラタクワガタ
Dorcus consentaneus
体長．♂ 24.3～53.9mm,
♀ 20.0～29.6mm.
分布．対馬．

アマミシカクワガタ
Rhaetulus recticornis
体長．♂ 22.0～48.0mm,
♀ 19.5～30.4mm.
分布．奄美大島, 徳之島．

アマミマルバネクワガタ
Neolucanus protogenetivus
体長（原名亜種）♂ 44.3 〜 65.9mm,
　　♀ 42.0 〜 53.5mm.
分布．奄美大島，請島，徳之島．

オキナワマルバネクワガタ
Neolucanus okinawanus
体長．♂ 42.4 〜 70.0mm,
　　♀ 40.0 〜 55.6mm.
分布．沖縄本島．

ヤエヤママルバネクワガタ
Neolucanus insulicola
体長（原名亜種）♂ 32.6 〜 69.2mm,
　　♀ 38.4 〜 57.0mm.
分布．石垣島，西表島，与那国島．

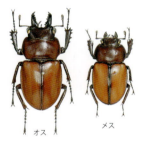
チャイロマルバネクワガタ
Neolucanus insularis
体長．♂ 18.8 〜 36.6mm,
　　♀ 20.1 〜 29.2mm.
分布．石垣島，西表島．

ミクラミヤマクワガタ
Lucanus gamunus
体長．♂ 23.6 〜 34.7mm,
　　♀ 25.0 〜 26.5mm.
分布．御蔵島，神津島．

アマミミヤマクワガタ
Lucanus ferriei
体長．♂ 23.9 〜 51.0mm,
　　♀ 26.5 〜 32.5mm.
分布．奄美大島．

オガサワラネブトクワガタ
Aegus ogasawarensis
体長（原名亜種）♂ 16.0 〜 26.0mm,
　　♀ 13.0 〜 20.0mm.
分布．小笠原諸島（父島，母島）．

オキナワネブトクワガタ
Aegus nakanei
体長（原名亜種）♂ 10.9 〜 26.0mm,
　　♀ 12.0 〜 15.0mm.
分布．沖縄諸島．

ヤエヤマネブトクワガタ
Aegus ishigakiensis
体長（原名亜種）♂ 12.1 〜 33.0mm,
　　♀ 15.0 〜 18.0mm.
分布．石垣島，西表島，与那国島．

まだまだいるぞ！日本のクワガタムシ大図鑑

ルリクワガタ
Platycerus delicatulus
体長 . ♂ 9.0 〜 14.3mm,
♀ 8.0 〜 12.2mm.
分布 . 本州 , 四国 , 九州 .

ホソツヤルリクワガタ
Platycerus kawadai
体長 . ♂ 9.0 〜 13.0mm,
♀ 8.0 〜 12.0mm.
分布 . 本州中部 .

コルリクワガタ
Platycerus acuticollis
体長 . ♂ 8.5 〜 14.0mm,
♀ 8.0 〜 12.0mm.
分布 . 関東北部 , 神奈川県中部 .

タカネルリクワガタ
Platycerus sue
体長 . ♂ 10.2 〜 12.5mm,
♀ 9.2 〜 12.1mm.
分布 . 愛媛県 , 高知県 .

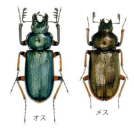

トウカイコルリクワガタ
Platycerus takakuwai
体長 . ♂ 9.5 〜 12.0mm,
♀ 9.0 〜 11.5mm.
分布 . 本州（秋田県以南〜紀伊半島）, 四国 .

ニシコルリクワガタ
Platycerus viridicuprus
体長 . ♂ 8.5 〜 11.5mm,
♀ 8.5 〜 10.0mm.
分布 . 中国地方〜九州北部 .

ニセコルリクワガタ
Platycerus sugitai
体長 . ♂ 8.5 〜 12.0mm,
♀ 9.0 〜 11.0mm.
分布 . 紀伊半島 , 四国 , 九州 .

ツヤハダクワガタ
Ceruchus lignarius
体長 . ♂ 12.1 〜 23.2mm,
♀ 11.8 〜 16.7mm.
分布 . 北海道 , 本州 , 四国 , 九州 .

マダラクワガタ
Aesalus asiaticus
体長 . ♂♀ 4.0 〜 6.0mm.
分布 . 北海道 , 本州 , 四国 , 九州 , 対馬 , 佐渡島 , 伊豆諸島 , 種子島 , 屋久島 .

マグソクワガタ
Nicagus japonicus
体長 . ♂ 7.0 〜 8.5mm,
♀ 8.0 〜 9.3mm.
分布 . 北海道 , 本州 .

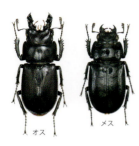
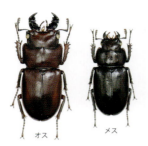

オニクワガタ
Prismognathus angularis
体長（原名亜種）♂ 17.0～26.0mm,
♀ 16.0～23.0mm.
分布. 北海道, 本州, 四国, 九州.

ヤクシマオニクワガタ
Prismognathus tokui
体長. ♂ 17.0～26.4mm,
♀ 16.0～23.0mm.
分布. 屋久島.

キンオニクワガタ
Prismognathus dauricus
体長. ♂ 20.0～38.8mm,
♀ 20.0～23.3mm.
分布. 対馬.

チビクワガタ
Figulus binodulus
体長. 9.0～16.0mm.
分布. 本州, 四国, 九州, 八丈島.

オガサワラチビクワガタ
Figulus boninensis
体長. 17.0～20.0mm.
分布. 小笠原諸島.

マメクワガタ
Figulus punctatus
体長. 8.0～12.0mm.
分布. 本州（紀伊半島, 山口県）,
四国, 九州, 伊豆諸島,
九州周辺離島, 南西諸島.

ダイトウマメクワガタ
Figulus daitoensis
体長. 8.5～13.0mm.
分布. 沖縄県（北大東島, 南大東島）.

フィッシコリスマメクワガタ
Figulus fissicollis
体長. 7.0～10.0mm.
分布. 東京都（中硫黄島）.

ルイスツノヒョウタンクワガタ
Nigidius lewisi
体長. 12.0～18.0mm.
分布. 和歌山県沿岸部, 九州南部,
対馬?, 屋久島～久米島, 石垣島?.

間違えやすい小型♂の見分け方

コクワガタ
（この個体は約 23mm）

- 大あごが細い
- 内歯は消失する
- 体はやや細身で、前胸背板のみツヤがある
- 上翅にはスジがなくざらついた感じ

スジクワガタ
（この個体は約 16mm）

- 内歯は中央付近に1本あり、消失しない
- 前胸背板は粗い点刻におおわれる
- 上翅にははっきりとしたスジがある

ヒメオオクワガタ
（この個体は約 30mm）

- 内歯は中央付近に1本あるが、極小サイズでは消失するらしい
- 大型個体とツヤの感じは変わらない
- 前胸側縁後角は逆ハの字状
- 上翅にはスジがなくざらついた感じ
- 各脚の付節が異様に長い

ネブトクワガタ
（この個体は約 16mm）

- 内歯は根元付近に1本あり、消失しない
- 大あご先端はとがらない
- 大あごは全体的に湾曲する
- 前胸背板は非常に粗い点刻におおわれる
- 上翅にははっきりとしたスジがある

その他の小型♂の特徴

オオクワガタ
（この個体は約 32mm）

- 大あごが極端に短い
- 内歯は根元付近に1本あり、消失しない
- 体は幅広く、全体にツヤがある
- 上翅には点刻列でできたスジがある

ヒラタクワガタ
（この個体は約 26mm）

- 内歯はほとんど消えかけて角ばる程度
- 体全体に強いツヤがある
- 上翅にはスジがない

アカアシクワガタ
（この個体は約 24mm）

- 内歯は中央より上に1本あり、消失しない
- 大型個体とツヤの感じは変わらない
- 前胸側縁後角は若干えぐれる

ミヤマクワガタ
（この個体は約 32mm）

ノコギリクワガタ
（この個体は約 33mm）

- 内歯はほとんど消失して痕跡程度
- 触角が大きい
- 耳状突起は消失する
- 体にツヤはなく、新鮮な個体は全体に微毛が生えている
- 上翅にはスジがない
- 大あごは直線的で湾曲しない
- 内歯はほとんど消失して痕跡程度のギザギザが残る
- 体にツヤはなく、全体的にざらついている
- 上翅にはスジがなく、やや赤みがある個体が多い

オニクワガタ
（この個体は約 16mm）

- 大あごは短く、湾曲しない
- 小さい内歯が痕跡程度にある
- 体全体がツヤのある黒色
- 上翅にはスジがない

間違えやすい♀の見分け方

コクワガタ
（この個体は約 27mm）

- 前脚先端はオオクワガタのように反らない
- 前胸背板はツヤがある
- 上翅はあまりツヤがない
- 上翅の点刻列はうっすらとしたスジ状

野外体長は 19〜33mm

スジクワガタ
（この個体は約 19mm）

- 前脚外側は丸みがある
- 体は細身で、全体に鈍いツヤがある
- 上翅にははっきりとしたスジがある

野外体長は 14〜24mm

ヒメオオクワガタ
（この個体は約 33mm）

- 前脚はコクワガタに似た直線状
- 体は全体的にツヤがにぶい
- 前胸側縁後角はややへこむ
- 上翅は全体的に点刻があり、スジ状にはならない

野外体長は 25〜41mm

ネブトクワガタ
（この個体は約 17mm）

- 大あごは幅広い
- 前胸側縁がギザギザ
- 前脚外側は丸みがある
- 体は幅広く、全体的に点刻が非常に粗い
- 上翅には盛り上がったスジがあり、スジとスジの間の点刻は粗い

体長は 12〜25mm

その他の♀の特徴

オオクワガタ
（この個体は約 47mm）

ヒラタクワガタ
（この個体は約 32mm）

アカアシクワガタ
（この個体は約 30mm）

ミヤマクワガタ
（この個体は約 44mm）

ノコギリクワガタ
（この個体は約 36mm）

オニクワガタ
（この個体は約 21mm）

幼虫の見分け方

オオクワガタ

頭部幅は 7～12mm で色彩は濃いオレンジ色

ここがポイント

頭蓋線内側には左右それぞれ 4 本～5 本の明瞭な刺毛列がある

頭楯にはよく目立つ刺毛が 2 本あり、頭蓋と頭楯の接点中央付近にも 2 本の太い刺毛がある

頭楯は下方 1/3 が淡い黄褐色

大あごは内側に向かってほとんど湾曲せず直線的

コクワガタ

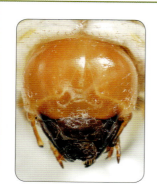

頭部幅は 4～7mm で色彩は薄いオレンジ色

ここがポイント

頭蓋線外側の左右それぞれに 5 本～7 本の明瞭な刺毛列があり、頭楯中央には明瞭な刺毛を欠く

頭楯および上唇の色彩はオオクワガタに比べわずかに薄い

大あごは直線的で細く、外縁の中央からやや先端寄りでわずかに内側に湾曲する

ヒラタクワガタ

頭部幅は 5～12mm ほどで、色彩はオオクワガタに比べやや薄いオレンジ色

頭蓋と頭楯の接点中央部に 2 本の太い刺毛

頭楯の左右には 2 本の明瞭な刺毛

頭蓋線内側の左右両端に不明瞭ながら数本の刺毛からなる刺毛列があり、中央部には非常に太い刺毛が 2 本ある

大あごは弱く内側に湾曲

ノコギリクワガタ

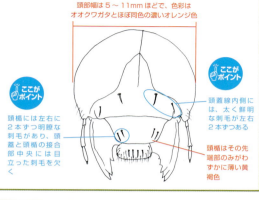

頭部幅は 5〜11mm ほどで、色彩はオオクワガタとほぼ同色の濃いオレンジ色

ここがポイント
頭楯には左右に2本ずつ明瞭な刺毛があり、頭蓋と頭楯の接合部中央には目立った刺毛を欠く

ここがポイント
頭蓋線内側には、太く鮮明な刺毛が左右2本ずつある

頭楯はその先端部のみがわずかに薄い黄褐色

ミヤマクワガタ

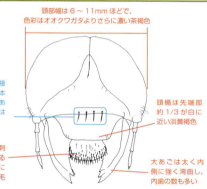

頭部幅は 6〜11mm ほどで、色彩はオオクワガタよりさらに濃い茶褐色

ここがポイント
頭蓋と頭楯の接合部中央に4本の太い刺毛があり、その基部は大きくへこむ

上唇には長い刺毛が密生するが、頭楯中央には目立った刺毛を欠く

頭楯は先端部約1/3が白に近い淡黄褐色

大あごは太く内側に強く湾曲し、内歯の数も多い

幼虫のオスとメスの見分け方

クワガタの幼虫はオスもメスも同じ姿形をしていますが、お尻の黄色い斑紋でオスとメスを見分けることができます。この斑紋が強く出ていれば、ほぼメスで間違いありません。たまにオスでも薄く出ているので注意です。

オス幼虫のお尻.
お尻に黄色の斑紋はない.

メス幼虫のお尻.
お尻に黄色の斑紋がある.

ポケット図鑑 世界のクワガタムシ

世界のクワガタムシ 175 種をカラーで図示

世界の代表的なクワガタムシを中心に、超大型種, 美麗種, 変わった形の小型種などを多数収録。

A5 判
オールカラー 32 ページ
定価 463 円 +税

Ⓜ むし社

初めて飼う世界のカブトムシ

カブトムシ飼育の決定版！

初めて世界のカブトムシを飼育をする人のための究極の入門書。
ヘラクレスオオカブトもこれで簡単に飼えます！

A5 判
オールカラー 32 ページ
定価 463 円 +税

Ⓜ むし社

採集用品・標本用品
クワガタ・カブトの飼育用品
なんでもそろいます！

年中無休

営業時間：AM11:00 〜 PM8:00
※ 12月31日から1月1日はお休み致します。

東京都中野区大和町 1-4-2, 白鳳ビル 302
TEl: 3-5356-6416　FAX: 03-5356-6452
http://mushi-sha.life.coocan.jp/

執筆	土屋利行
発行人	藤田　宏
発行日	2014 年 8 月 1 日
発行所	有限会社 むし社　165-0034 東京都中野区大和町 1-4-2-302　URL: http://mushi-sha.life.coocan.jp/
印刷	シナノ株式会社

本誌掲載の記事・写真・イラストの無断転載・複写を禁じます。　Ⓒ Mushi-sha　2014　Printed in Japan
落丁本・乱丁本などの不良品はお取りかえいたします。